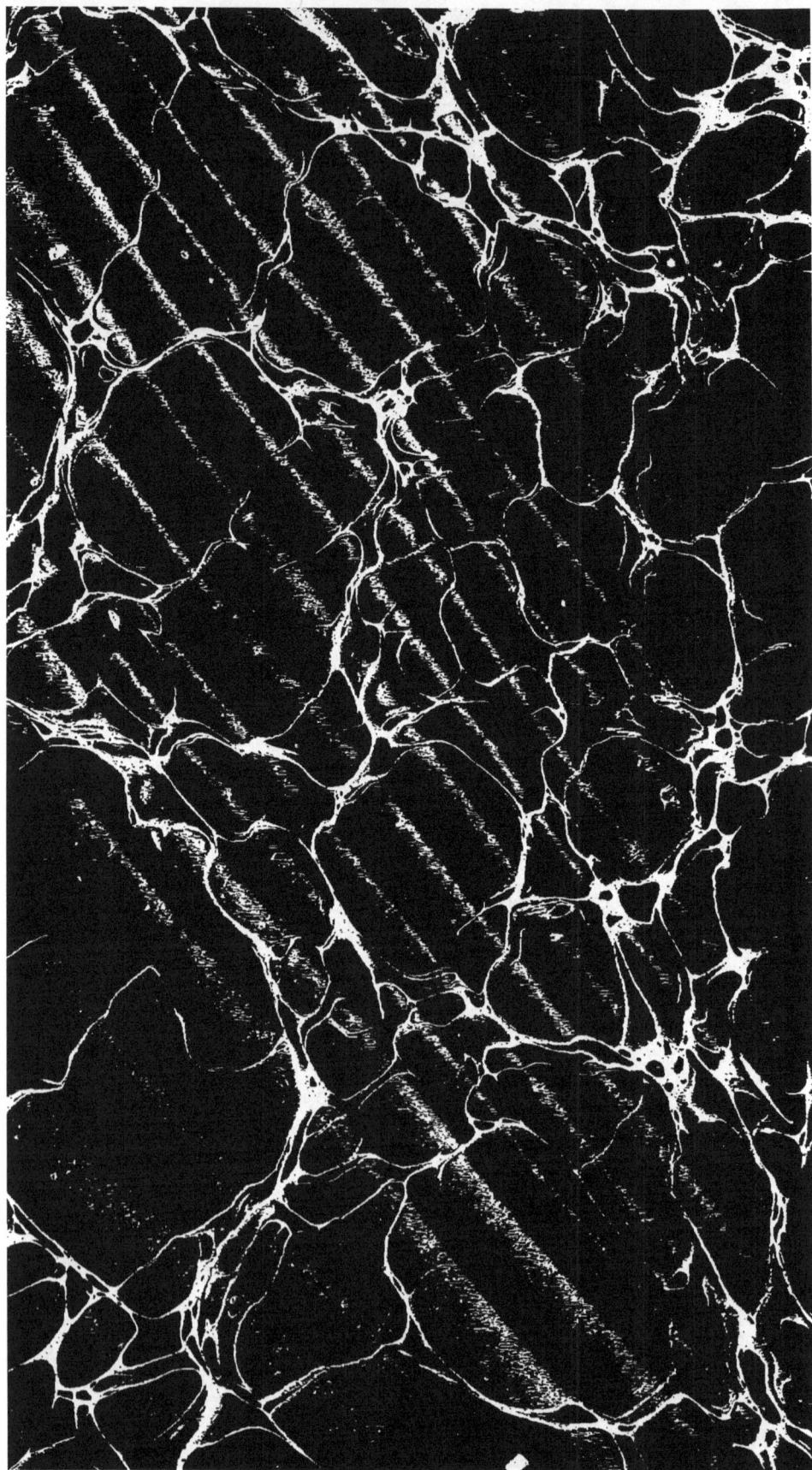

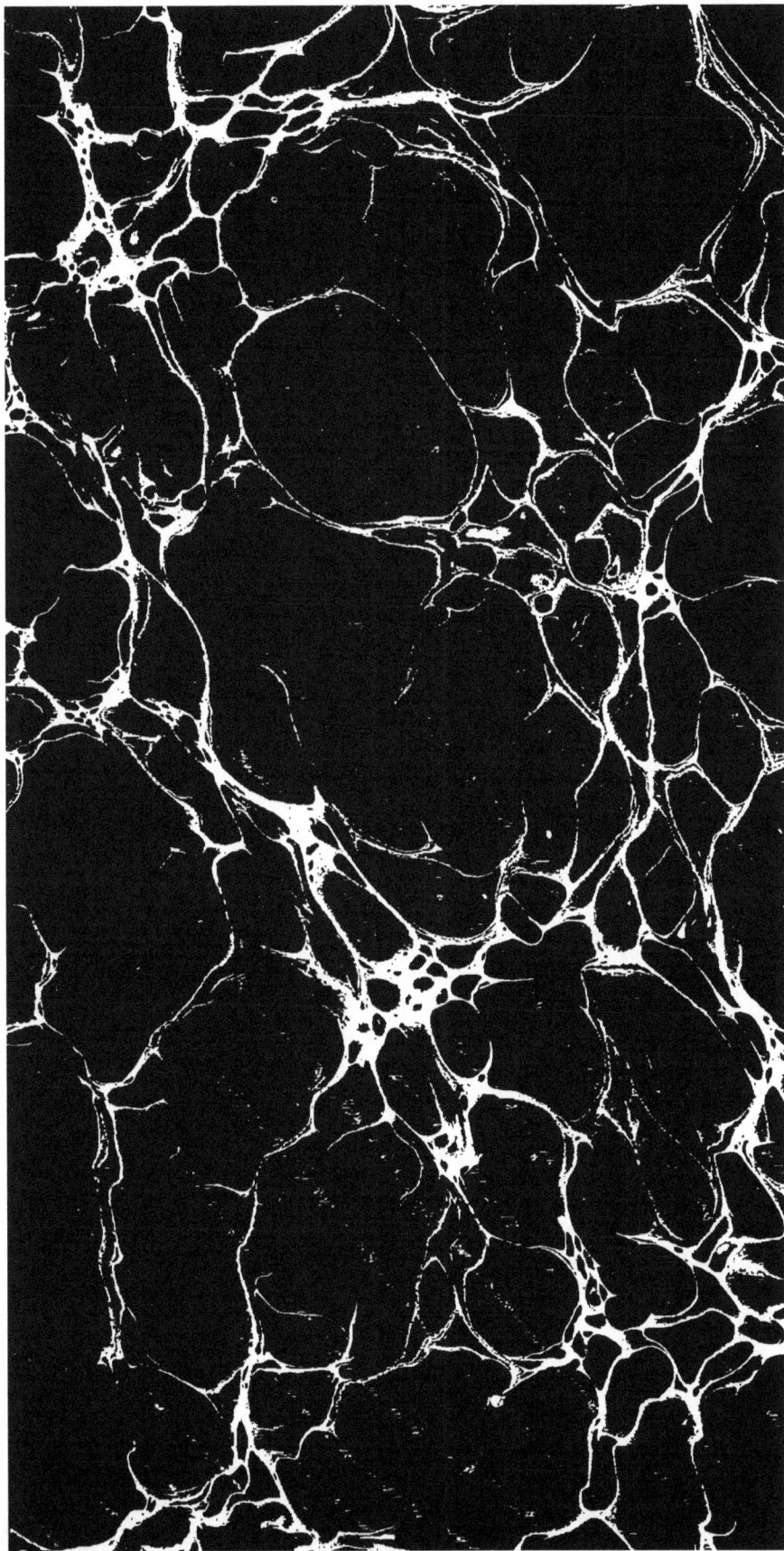

Tb 64/104

# ENCORE

## DU

# MAGNÉTISME!

DE L'IMPRIMERIE DE J.-B. IMBERT.

# ENCORE

## DU

# MAGNÉTISME !

## PAR PIGAULT-LEBRUN,

MEMBRE DE LA SOCIÉTÉ PHILOTECHNIQUE.

Vitam impendere vero.

## PARIS,

CHEZ BARBA, Libraire au Palais-Royal,
derrière le Théâtre-Français, n° 51.

Et chez DELAUNAY, Libraire, galerie de Bois,
Palais-Royal.

## 1817.

# ÉPITRE DÉDICATOIRE

## A MM. LES JOURNALISTES.

---

*V<sub>ITAM</sub> impéndere vero!* Quelle
épigraphe pour un romancier, pour
un sceptique prononcé! Quels articles piquans cette épigraphe seule
peut faire jaillir de vos plumes gaies
et épigrammatiques! Quel aliment
elle fournira à cette partie du public, qui rit de tout, même de ce
qu'il ne voit pas, de ce qu'il n'entend pas! heureuse classe d'hommes, que la nature semble n'avoir
formée que pour rire, et que vous
servez si bien, quand vous avez le
bonheur d'être neufs! il est vrai que

vous ne trouvez pas toujours de bonnes fortunes ; mais en voilà une que je vous offre. Avec quel empressement, quel plaisir vous en jouirez ! sous combien de formes différentes vous reproduirez la même idée, ce qui prouvera jusqu'à l'évidence votre inépuisable fécondité.

Il me semble inutile, messieurs, de m'étendre davantage sur une épigraphe, qui est peu de chose, qui même à la rigueur n'est rien. Il vous suffira d'un ou deux articles pour en prouver le ridicule. Mais que direz-vous, bon Dieu, quand vous aurez lu ce petit ouvrage ! quoi, cet auteur doute de tout, et il croit au magnétisme, au rêve absurde d'un médecin allemand, qui, à l'aide de ses rêveries, est venu faire fortune à Paris, qui n'a persuadé que quelques femmelettes, que certains ignorans de la lie du peuple, et dont le système mensonger a été publiquement condamné par des commissaires du Roi, qui bien certainement voyaient les choses comme elles sont.

Avouez, messieurs, que vous me devez de la reconnaissance. Quand on a tous les jours une feuille à remplir, on n'est pas sûr de trouver un contingent bon ou agréable, et voilà pourquoi vous n'êtes pas régulièrement instructifs et amusans. Ici vous serez l'un et l'autre. Vous amuserez, en décochant le trait délié de la satire; vous instruirez, en prouvant physiquement et même mathémati-

quement que le magnétisme n'existe
point.

M. Geoffroi, d'honorable et de si
digne mémoire, a fait cinquante ou
soixante feuilletons pour persuader
au public que Zaïre est une détestable tragédie. Je ne suis pas Voltaire.
Mais en jugeant du petit au grand
par analogie, il est possible que je
vous fournisse ici dix ou douze articles de quatre colonnes chacun, et
cette modique récolte n'est pas à dé-
daigner.

Je reviens à messieurs les commissaires du Roi, dont l'opinion sur le
magnétisme est infiniment respecta-
ble; car on comptait parmi eux des
médecins, à la science desquels
tout Paris rendait hommage : ce qui

pourtant ne les empêchait pas de tuer, à l'occasion, leurs malades tout comme les autres.

Il est vrai que M. de Jussieu, qui, sans doute, ne valait pas ses confrères, s'est permis de voir et de juger autrement qu'eux. Il est vrai qu'il a fait son rapport particulier, et qu'il a reconnu l'existence du magnétisme et beaucoup de ses effets. Mais un seul individu peut-il avoir raison contre sept autres? D'ailleurs le témoignage de M. de Jussieu pouvait-il être de quelque poids, comparé à celui de docteurs qui guérissent leurs malades par le seul amour de l'humanité, et qui auraient adopté avec empressement un moyen d'abréger les maladies et de ménager des estomacs que détruisent les préparations chimiques, si ce moyen eût existé? Sans doute encore, nos docteurs auraient renoncé avec autant d'empressement que de satisfaction à ces vieilles formules, fatigantes à prononcer pour eux, et pénibles à écouter pour des êtres souffrans, formules qui sont un arrêt de mort, et qu'on entend répéter tous les jours : *il faut vivre avec son ennemi; telle maladie est incurable.* L'improbation formelle des membres de la faculté prouve invinciblement la non existence, ou l'inutilité du magnétisme.

Mais le monde est plein de gens singuliers, qui écoutent tout, qui relèvent les expressions, qui les commentent, qui se rapprochent, et qui finissent par s'entendre et former un parti d'opposition. Ceux-là prétendent que dire à un malade : *il faut vivre avec son ennemi*, signifie *vous ne guérirez jamais ;* que *telle maladie est incurable*, équivaut à *la médecine ne sait pas la guérir*, et que comme on n'avoue pas facilement son insuffisance, on la cache sous des mots imposans, prononcés d'un ton solennel.

Ces êtres singuliers prétendent encore que le magnétisme a guéri quelques-unes de ces maladies réputées incurables. Ils présentent des certificats signés par des gens en place, par des savans, et même par quelques médecins de bonne foi, mais qui pro-

bablement sont des ignorans dont on
a fasciné la vue. Il est évident que
ces pièces sont controuvées; car un
magnétiseur qui ne reçoit pas d'argent, qui se fatigue, pendant plusieurs mois, à soigner un malade; qui
n'obtient, pour prix de ses travaux,
ni confiance, ni considération, a un
intérêt réel à tromper le public.

Il est évident, au contraire, que
le bonnet doctoral étant l'éteignoir
des passions, aucun médecin ne se
livre à des spéculations pécuniaires,
et que les docteurs commissaires du
Roi n'ont pu s'arrêter un moment à
l'idée que la pratique du magnétisme
porterait un certain dommage au
produit de *leur pavé*.

Ces docteurs commissaires ont

laissé, dit-on, un digne successeur
dans la personne de M. de Mont.... Il
cite faux quelquefois, il se trompe
quelquefois, il s'emporte toujours;
il va jusqu'à se permettre l'injure,
et on dit encore que ce moyen n'est
pas le meilleur pour prouver qu'on a
raison. On ajoute que M. de Mont....
persécuterait, s'il en avait la puissance, et que la persécution prouve
seulement que celui qui l'emploie
redoute ses adversaires. Pour moi,
je pense que M. de Mont.... est digne
en tout des docteurs commissaires
ses devanciers, et je me plais à lui
rendre cette justice, qu'il est tout
aussi sincère qu'eux.

Cependant comme les bons exem-
ples sont souvent sans effet sur un

être entêté, que d'ailleurs on peut être fort honnête homme sans être tout à fait de l'avis des docteurs commissaires et de M. de Mont...., je déclare que je crois à l'existence du magnétisme, à ses effets salutaires, et que je considère la faculté de l'exercer comme l'une des plus belles que l'homme ait reçu de la nature.

Je reviens enfin à vous, messieurs, à qui je dédie ce petit ouvrage. Vous êtes fondés à m'adresser un reproche bien grave, en apparence, du moins. J'ai écrit quelques plaisanteries sur le magnétisme, dont je me déclare aujourd'hui le défenseur! qu'est-ce que cela prouve? un aveugle né nie l'existence des couleurs; une main habile enlève la cataracte, et la richesse, la variété des nuances ne sont plus contestées.

Je persiste à croire que je vous ai vraiment rendu un bon office en écrivant cette brochure, et que vous me devez quelque reconnaissance. J'attends votre remercîment par votre prochain numéro. Vous maniez à ravir l'arme du ridicule et vous en connaissez la puissance. Mais usez-en, dans cette circonstance, avec modération, parce que le temps n'est peut-être pas éloigné où vous parlerez du magnétisme d'une manière un peu différente, et il est dur pour un homme d'esprit d'être forcé de louer ce dont il s'est moqué.

En attendant, s'il en est entre vous quelqu'un à qui son médecin ait dit : *il faut vivre avec son ennemi*, qu'il aille trouver un magnétiseur. On lui dira : *essayons de vous défaire de votre ennemi*. Si on ne le guérit pas, ce qui est très-possible, on le soulagera du moins. On lui donnera des soins affectueux, soutenus, et qui ne lui coûteront que la perte d'une heure dans la journée. Il éprouvera des effets, je n'en doute point. Alors il prendra, comme moi, pour devise : *vitam impendere vero*.

J'ai l'honneur de vous assurer, messieurs, de ma très-parfaite considération,

PIGAULT-LEBRUN.

# ENCORE

## DU

# MAGNÉTISME!

—

Personne ne nie l'existence d'un fluide électrique, d'un fluide galvanique; personne ne conteste à l'aiman ses inconcevables propriétés; on convient assez généralement qu'il est un magnétisme minéral; peut-être, si on voulait s'attacher à une suite d'expériences, avouerait-on sans peine qu'il y a encore un magnétisme végétal. Mais un magnétisme animal! Non, cela n'est pas possible.

Endormir quelqu'un qui rit, qui joue, qui folâtre; l'amener à parler en dormant, étendre ses facultés intellectuelles, en développant en lui un nouveau sens, quelle absurdité !

Voilà de vos arrêts, messieurs les gens d'esprit.

Mais qu'est-ce que l'esprit? Est-ce la raison? est-ce le jugement? Non, sans doute. L'esprit, dans l'acception que nous donnons au mot, n'est-il pas la facilité de s'énoncer avec grâce, d'effleurer les superficies, et de tourner en ridicule le fonds, qui échappe toujours à la paresse et à l'insouciance? L'esprit, quand on a le bonheur d'en rencontrer dans le monde, fait le charme de la société; il précipite la course du temps, qui déjà est si rapide. Mais que restet-il à celui qui a passé quatre heures avec des gens d'esprit? Ce qu'emporte avec lui l'homme qui vient de voir lancer une centaine de fusées volantes.

Il n'y aurait pas grand mal à n'avoir entendu que de jolies phrases, des saillies piquantes, de petits traits méchans, dont le souvenir s'efface si promptement, si les gens d'esprit, les femmes jeunes et spirituelles surtout, n'avaient aussi leur magnétisme d'influence, qui tend sans cesse à éloigner les vérités, qui porte nécessairement à réfléchir et à méditer. Et quoi de plus ennuyeux, de plus maussade, de plus fatigant que la réflexion et la méditation? L'homme est-il né pour cela? Non, sans doute, dit la femme d'esprit, il est né pour le plaisir; et en est-il un plus piquant que de verser le ridicule à pleines mains, et de cacher ses épines sous des flots de feuilles de roses ?

Si, par hasard, un homme de bon sens se trouve là, il élève une voix timide ; il soutient, avec modestie, que l'homme est né aussi pour réfléchir et méditer un peu, puisqu'il en a la faculté. On l'interrompt, on le persiffle, on leverait les épaules, si l'usage du monde le permettait, et l'homme, qui a voulu essayer le magnétisme du bon sens, est réduit au silence.

S'ensuit-il de là que la jolie femme d'esprit ait tort ? Non, sans doute, puisqu'elle s'amuse, et que s'amuser c'est au moins jouir du moment. L'homme de bon sens a-t-il raison ? Non, sans doute, parce qu'il ne faut raisonner qu'avec ceux qui peuvent nous entendre.

Quel parti va donc prendre l'auteur qui semble se mettre dans une situation assez embarrassante ? J'ai bien peur que, semblable à l'homme de bon sens, il ne parle à des gens décidés à ne pas l'écouter. Il s'efforcera du moins d'éviter le ton grave, et de jeter quelqu'intérêt sur un des objets les plus importans dont on puisse traiter.

« Madame, disais-je hier à une femme
» fort aimable, déraisonnons un peu, et
» dites-moi pourquoi, en convenant de
» l'existence de l'électricité, du galva-
» nisme, de l'aimant, vous condamnez
» sans appel notre pauvre magnétisme ?
» — Vous voulez que nous déraison-
» nions, dites-vous, et vous commencez
» par m'accabler sous vos mots scienti-
» fiques ! Abrégeons, s'il vous plaît. Je

» crois à l'électricité et à l'aiman, parce
» que j'en ai vu des effets ; au galvanis-
» me, parce qu'on a mis sur le bout de
» ma langue un morceau de zinc et une
» pièce d'argent ; et au fond, il m'im-
» porte peu que tout cela existe ou non :
» mais votre magnétisme, monsieur,
» votre magnétisme ! Le nom seul m'en
» éloignerait, si je voulais m'en occu-
» per. Que n'avez-vous trouvé une dé-
» nomination agréable, harmonieuse,
» et qui dise, quelque chose à mon
» imagination ? J'aurais pu vous donner
» cinq minutes. Mais que faire de ce
» mot magnétisme ! — Hé, madame,
» occupons-nous de la chose, et laissons
» le mot ? — Les mots, monsieur, les
» mots sont tout pour nous autres gens
» du monde, qui n'approfondissons rien.

» Combien de temps n'avons-nous pas
» vécu de calembourgs ? — Je vois
» qu'aux magnétismes, dont j'ai déjà
» parlé, il faut joindre encore le ma-
» gnétisme des paroles. Tout serait-il
» magnétisme sur notre petite terre?
» — Allez, allez.... Ah ! mon Dieu, j'ai
» déjà une migraine épouvantable, et
» c'est à vous que je la dois. Eloignez-
» vous, monsieur; éloignez-vous. — Ne
» ferais-je pas mieux, madame, de
» guérir votre migraine? — Vous, me
» guérir! vous! Ah, cela serait fort...!
» Prenez donc garde à ce que vous faites;
» vous me décoëffez.... Mais, en effet,
» le mal diminue.... Il s'éteint.... Il est
» dissipé.... Voilà qui est singulier! Ah,
» c'est que le mal devait disparaître.

   » — Voudriez-vous me dire, madame,

» ce que vous penseriez d'un joli homme
» à qui vous auriez consacré une heure
» tout entière dans la soirée, près de qui
» vous vous seriez donné la peine de dé-
» velopper vos grâces, de mettre en ac-
» tion toutes les ressources de votre
» esprit, et qui, en vous quittant, dirait :
» Mon Dieu, que j'ai été facile à amuser
» aujourd'hui ! — Je dirais : Cet homme
» est un ingrat. — Et vous le diriez avec
» le petit ton piqué que vous venez de
» prendre ? Regardez-moi, madame ; je
» suis parfaitement calme, et vous me
» traitez précisément comme aurait agi
» envers vous le joli homme dont je viens
» de parler. — Quel rapport y a-t-il ? s'il
» vous plaît.... — Cet homme serait in-
» sensible à des bontés dont on vous sait
» très-économe, et vous l'êtes, vous,

» à celles de la nature, qui vient de vous
» ôter votre mal avec le bout de mes
» doigts ! — Ah, vous revenez à votre
» but par un détour. — Il est des choses,
» madame, qu'il est difficile, qu'il serait
» impoli de faire sentir autrement que
» par des comparaisons.

» Dites-moi, je vous prie, madame,
» pourquoi j'ai tant de plaisir à vous
» voir ; pourquoi je vous cherche, lorsque
» j'entre dans un salon ; pourquoi je suis
» triste quand je ne vous y vois pas ?
» — C'est parce que je suis jolie, mon-
» sieur. — Madame voudra bien remar-
» quer qu'elle n'est pas la seule jolie
» femme de Paris, et qu'aucune autre
» ne m'inspire le même sentiment. —
» Hé bien, monsieur, vous êtes attiré
» vers moi par un mouvement sympa-

» thique. — Serait-il impossible, ma-
» dame, que le magnétisme fût autre
» chose qu'une sympathie, produite et
» prolongée, entre un homme sain et
» robuste et un être souffrant? — Oh,
» une sympathie, qui fait dormir l'un,
» pendant que l'autre veille! — Je con-
» çois, madame, qu'il n'est pas d'homme
» qui puisse dormir auprès de vous. Mais
» vous avez trop à vous louer de la nature,
» pour lui contester la variété de ses
» effets, et surtout pour assigner des
» bornes à sa puissance. — Vous me
» flattez maintenant, vilain homme que
» vous êtes. — Avec quelle grâce vous me
» repoussez! quel moëlleux, quel charme
» inexprimable dans le contour de ce
» bras! A quoi dois-je donc le plaisir
» d'avoir senti les extrémités de ces jolis

» doigts effleurer-ma poitrine ? — Mais
» à ma volonté, sans doute. — Hé, quel
» est l'agent que votre volonté met en
» action ? — En vérité, je n'en sais rien.
» — Il y en a un, pourtant, car il me
» semble que votre volonté seule ne ferait
» pas agir vos membres. — Vous croyez
» cela ? — Que votre volonté ordonne à
» ce candelabre de se porter de la gauche
» à la droite de cette cheminée.... — Hé,
» monsieur, je sais, comme vous, qu'il
» ne rémuera pas. — Vous avez donc en
» vous un agent assez délié pour être
» inaccessible à vos sens; assez suscep-
» tible, pour être mis en action par
» l'effet seul de votre volonté ; assez
» puissant pour agir sur vos nerfs, et
» produire les mouvemens que vous vou-
» lez opérer. — Cela peut être, et je

» m'en inquiète peu. — Et si cet agent
» pouvait être poussé au dehors par un
» autre effet de votre volonté; s'il était
» de nature à s'insinuer dans un autre
» corps, à donner une action nouvelle
» et plus forte à l'agent du malade, qui
» ne peut vaincre les obstacles que lui
» oppose une obstruction, ou un autre
» mal local; si le magnétisme enfin
» n'était que l'extension de la faculté
» que vous avez d'agir sur-vous même?...
» — Oh, finissons, monsieur, finissons.
» L'ennui me gagne, et je commence à
» bâiller. — Permettez-moi de vous
» soustraire à l'ennui. — Hé, comment?
» — En vous livrant un moment aux
» douceurs d'un repos réparateur. Je
» vois dans ces beaux yeux-là qu'ils ne
» sont pas difficiles à fermer. — Vous

» revenez toujours à votre chimère.

» Laissez-moi donc…. Que ferai-je dans

» cette immense bergère…. Mesdames,

» défendez - moi….. Otez vos mains,

» monsieur ; elles me font mal à l'es-

» tomac…. à la bonne heure, revenez

» aux épaules…. je vous les aban-

» donne…. Encore !…. Laissez-moi….

» je… ne…. veux…. pas…. »

Les yeux de ma jolie dame sont fermés ; sa tête se penche ; elle ne m'entend
plus ; j'avoue que je suis content de moi.
Je regarde furtivement ceux qui font
cercle autour de nous ; je prête l'oreille.
« Dort-elle, dit l'une ? — Hé, non, dit
» l'autre. — Elle n'a pas pourtant d'in-
» térêt à nous tromper, reprend un
» troisième. » Un jeune médecin, qui
ne juge des choses que sur l'avis de la fa-

culté , et qui a encore toute la ferveur de
l'esprit de corps , se lève et prend la
parole. « Quand madame dormirait, dit-
» il , qu'y aurait-il là d'étonnant? Qui
» de nous n'a pas été quelquefois assoupi
» dans la journée? Monsieur a voulu vous
» amuser un moment , mesdames. Il a
» trop d'esprit pour croire à de pareilles
» jongleries. —Vraiment, docteur, vous
» êtes persuadé que le magnétisme
» n'existe pas? — Fi donc, fi donc!
» sottise à reléguer dans les carrefours
» et les greniers. »

Quoique ce jeune homme ait voulu
adoucir, par une espèce de compliment,
ce qu'une impertience a d'amer , j'étais
piqué ; oh , très-piqué. Mais décidé à ne
pas imiter M. de Mont...., j'ai gardé un
dédaigneux silence , et j'ai ouvert les

yeux de ma jolie dame. « Avez-vous
» vraiment dormi, lui crient dix bouches
» rosées à la fois? — Hé, sans doute,
» j'ai dormi, » et partant d'un grand
éclat de rire, « non, non, je n'ai pas
» dormi. — Mais je l'aurais cru. — Et
» moi aussi. Je vous le disais bien, s'est
» écrié le docteur, monsieur a voulu vous
» amuser, et madame s'y est prêtée. »

Au bout d'une demi-heure, il n'était
pas plus question de magnétisme que de
la pièce tombée hier; du bonnet dont on
était folle il y a deux jours; de cet écrin
qu'un amant a trouvé le moyen de faire
présenter par le mari. Chacun jouait ou
causait de son côté, lorsque ma jolie dor-
meuse est venue me dire à l'oreille : Sui-
vez-moi. Elle m'a conduit dans le seul
coin inhabité du salon; nous nous sommes

assis. « Monsieur, j'ai dormi, très-bien
» dormi ; mais je n'en conviendrai jamais.
» — Hé, pourquoi donc, madame ? —
» Les demoiselles d'un certain état se
» marient de bonne heure, et toute
» femme de vingt ans veut jouer un rôle
» dans la société. Chacune prend le mas-
» que qui convient à ses intérêts, ou à
» son goût. J'ai choisi celui de la frivolité,
» parce que mon mari est sérieux, et
» que je voulais attirer les plaisirs chez
» moi. Peu à peu, il a cédé à l'ascen-
» dant qu'une femme adroite prend tou-
» jours dans sa maison. Il a mieux aimé
» que je m'amusasse chez lui qu'ailleurs,
» et son hôtel, triste et désert, est de-
» venu l'asile des ris et des jeux. Mais
» j'ai contracté envers le public l'obli-
» gation de rire et de me moquer de tout.

» J'ai décoché cent traits épigramma-
» tiques sur ce pauvre magnétisme, et
» si je me rétracte, ou si je me permets
» de raisonner un moment, je me perds
» de réputation.

» Venez demain chez moi. Nous serons
» seuls, et vous verrez que je ne suis pas
» aussi frivole que vous avez pu le sup-
» poser. »

Un rendez-vous, donné par une
femme, jeune, jolie et aimable, a des
attraits pour un magnétiseur, comme
pour tout autre. Le médecin de la nature
ne lui conteste jamais ses droits; il se
plaît, au contraire, à s'abandonner à
ce que son empire a de plus doux. Je
volai chez madame d'Arancy.

On m'attendait dans un boudoir que
le luxe et le goût avaient décoré à l'envi.

Un pinceau léger et gracieux y a mul-
tiplié des scènes qui , bien que décentes,
sont passablement gaies. J'ai cru devoir
prendre un ton convenable au lieu dans
lequel on me recevait. Madame d'Arancy
m'a arrêté dès les premiers mots. « Je
» suis fatiguée de porter toujours un
» masque dans le monde. Permettez que
» je le dépose un moment. Il sera nou-
» veau et piquant pour moi de parler rai-
» son. Oublions que nous sommes dans
» un petit temple consacré à la folie ;
» consultons notre jugement, et don-
» nons un libre essor à nos idées. Parlez,
» monsieur. Qu'avez-vous à me dire du
» magnétisme , auquel , jusqu'à certain
» point , je suis forcée de croire , puisque
» j'en ai éprouvé des effets. »

Madame , dis-je à la comtesse , je

crois que, pour bien s'entendre, il est essentiel de définir la chose dont on traite, de manière à ce que les conséquences dérivent naturellement de la définition donnée. Vous avez éprouvé des effets du magnétisme ; vous trouverez tout simple que je le considère comme une faculté naturelle à l'homme, au moyen de laquelle il agit, plus ou moins, sur les organes de ses semblables.

Si vous admettez que le magnétisme soit une faculté naturelle à l'homme, vous conviendrez qu'elle est aussi ancienne que l'espèce humaine, et que la médecine de l'art a pu naître de celle de la nature.

En effet, tel individu qui n'a pas la moindre notion du magnétisme, se frappe contre un corps dur. Son premier mouvement est de porter la main sur la partie macérée ; il la frotte , par un instinct purement machinal , et le magnétisme n'est , en grande partie , que des frictions régularisées par l'expérience.

J'aime à croire que le premier magnétiseur a été une bonne mère. Son enfant s'est blessé ; elle l'a pris dans ses bras ; elle a passé et repassé la main sur sa blessure ; elle l'a porté sur son front et sur ses yeux , pour arrêter ses larmes. L'enfant s'est calmé ; il s'est endormi. La bonne mère, ignorante , mais sensible , n'a rien remarqué que le soulagement qu'elle a procuré au petit être qui lui est si cher. Dans les premiers temps , on ne connaissait pas les arts ; la bonne mère n'a pu deviner qu'il existe des plantes salutaires ; mais sa main a soulagé son enfant ; elle essaie de le soulager encore. Elle répète les mêmes attouchemens; ils produisent des effets plus prompts. Etonnée d'un sommeil, auquel l'enfant n'a pas l'habitude de céder pendant la journée, elle observe, elle multiplie ses essais, et toujours le succès couronne ses efforts. Enchantée de ce qu'elle voit, de ce qu'elle fait, elle se félicite ; elle adresse à l'enfant des félicitations qui jaillissent du fond de son cœur. L'enfant l'entend, et lui répond. La mère est muette d'étonnement. Des idées nouvelles succèdent aux idées anciennes. Elle se remet cependant. Elle interroge de nouveau l'enfant, qui lui indique une plante dont le suc achèvera ce que

sa main maternelle a si heureusement commencé. L'enfant guérit, on proclame la vertu de telle plante, et voilà le berceau de la médecine.

Ingrats docteurs, vous avez beaucoup étudié, beaucoup observé! vous avez rendu des services signalés à l'humanité souffrante! Mais, semblables au *Glorieux* de Destouches, qui méconnaît son père, vous repoussez le vôtre; vous en éloignez ceux mêmes que vous ne savez pas guérir. Nous reviendrons sur ce sujet, qui est bien digne de quelques développemens.

Il est facile de préjuger que la bonne mère a parlé à ses compagnes, et de l'accident arrivé à son fils, et des moyens auxquels elle a dû sa guérison. Bientôt on ne s'entretient plus d'autre chose.

Les mères, qui ont un enfant souffrant,
le soulagent par les mêmes procédés,
et la botanique commence à naître.
Peut-être une peuplade va-t-elle jusqu'à penser que les femmes seules sont
dépositaires d'un don qui leur paraît
vraiment céleste. Telle est, peut-être,
l'origine de l'espèce de culte que diverses
nations ont rendu à ce sexe enchanteur.
Les dernières traces de cette adoration
se sont perdues avec le peuple germain,
et une froide galanterie, trop générale
pour être flatteuse, trop monotone pour
ne pas fatiguer, a remplacé ce tribut
de reconnaissance, si doux à recevoir
quand on l'a mérité.

Il est très-vraisemblable que les premiers hommes, effrayés de leur faiblesse,
des phénomènes que la nature produi-

sait autour d'eux, ont cherché des appuis, se sont créé des Dieux, auxquels ils tenaient dans la proportion des qualités bizarres dont ils les avaient revêtus. Le soleil devait être le Dieu bienfaisant; les ouragans et la foudre étaient des génies malfaisans, qu'il fallait apaiser par des expiations. Que leur offrira-t-on? Quels sacrifices leur seront agréables? Celui qui, le premier, a osé résoudre cette question, a été le premier prêtre chez les nations superstitieuses.

Par quelle contradiction remarquable les hommes, que la nature a fait égaux, ont-ils tous, plus ou moins, l'esprit de domination? Est-il inné en nous? Est-il le résultat des institutions sociales? Il est au moins constant que la puissance de l'opinion, ayant besoin d'être maintenue par des efforts continuels, toute corporation qui règne sur les esprits, doit accroître son ascendant, en ne faisant rien, peut-être, que pour le conserver.

Ainsi, les prêtres de ces Dieux, étonnés de la crédulité du peuple, de la facilité avec laquelle il se ployait sous le joug, ont senti qu'il pouvait suffire d'un éclair de raison pour détruire leur échafaudage, dont quelques vieillards avaient pu voir élever les premières pièces. Ils ont senti le besoin de s'investir de toutes les forces de la nature, pour écraser le vulgaire sous le poids de l'admiration ; et que connaissaient-ils ; qu'y a-t-il, en effet, de plus fécond que le magnétisme en prodiges apparens ? Un

coup de tonnerre a été l'interprète des
volontés du ciel. Il ne veut pas que des
mains profanes dispensent le plus pré-
cieux de ses bienfaits. Ses ministres
sont seuls dignes de faire disparaître les
maux qui affligent l'humanité. Les
mères tremblantes se courbent, se tai-
sent , et adorent. C'est au temple qu'on
ira désormais demander à genoux le
retour de la santé.

Les prêtres se consultent ; ils médi-
tent ; ils étendent la théorie d'une découverte précieuse, dont ils se sont saisis
dès sa naissance. Des phénomènes plus
prodigieux font oublier les phénomènes
connus. Un somnambule , interpellé au
nom des Dieux , découvre et proclame
une action héroïque, annonce un crime

qui se commet à cent lieues de lui. L'influence du sacerdoce et des prodiges n'a plus de bornes.

Bientôt les murs du temple se couvrent d'inscriptions qui indiquent les maladies et le remède qui les a guéries. Des hommes, jaloux d'obtenir une considération secondaire, copient ces inscriptions. Ils se répandent dans les contrées trop éloignées du temple pour qu'on puisse y aller chercher sa guérison. Ils se gardent bien de magnétiser : ils savent que la main d'un Dieu vengeur peut les atteindre partout ; peut-être même le secret du magnétisme est-il déjà caché dans l'ombre du sanctuaire. Mais ces hommes s'efforcent de connaître les maladies par les symptômes extérieurs ; ils indiquent le remède qu'ils croyent devoir

les guérir, et de génération en génération, de siècle en siècle, ils préparent
la naissance de la faculté de médecine,
et de la société royale de Londres.

Ne croyez pas, madame, ajoutai-je,
qu'il y ait ici exagération. Les savans
conviennent qu'Hippocrate a voyagé a
Ephèse et à Memphis. Il est plus que
vraisemblable qu'il a trouvé dans les
temples d'Isis et d'Esculape ces aphoris-
mes que nos docteurs admirent encore.

Cependant, les prêtres de ces Dieux
étaient restés paisibles possesseurs du
secret de la nature. Chaque jour ils le
couvraient davantage des voiles du
mystère et des prestiges de la supersti-
tion. Le peuple est convaincu de l'éten-
due de leur puissance. Mais on veut avoir
d'aveugles émissaires, qui, frappés de

terreur par ce qu'ils auront vu dans l'intérieur du temple, puissent dire, avec conviction, à des parens, à des amis, qui oseraient élever un doute : Croyez, et taisez-vous. De là est venue l'institution des mystères, où, après avoir fait prononcer aux initiés les plus redoutables sermens de ne jamais rien révéler, on leur faisait voir ce que le magnétisme a de plus prodigieux et de plus imposant.

Mais êtes-vous bien sûr, me demanda madame d'Arancy, de tout ce que vous me dites là ? Je suis parti, lui répondis-je, de faits historiques, dont personne ne conteste la vérité, et j'en ai tiré des conséquences assez naturelles. Ouvrez l'ouvrage du père Montfaucon, tome second, page 330. Examinez la planche qui porte pour titre *mains votives ;* il vous sera

impossible de n'y pas reconnaître le magnétisme. Le père Montfaucon, qui n'en
avait aucune idée, ne sait comment ex-
pliquer ces mains votives. Il dit que les
Egyptiens, le plus superstitieux des
peuples, adoraient tout, jusqu'à des
mains. Mais n'eût-il pas été absurde
d'offrir des Dieux à d'autres Dieux, et
n'est-il pas tout simple de croire qu'on
votait à Isis une image plus ou moins
précieuse de l'instrument dont on attendait sa guérison? Oh! me répliqua madame d'Arancy, je n'irai pas bâiller sur
le père Montfaucon. J'aime mieux m'en
rapporter à vous. Continuez.

J'ai repris. On trouve partout dans
l'histoire des traces de ces grandes révo-
lutions politiques où les peuples se roulent
les uns sur les autres, et changent en

peu de temps la surface du globe. Une nation entière passe sous un joug étranger ; on lui conteste ses goûts, ses habitudes; on lui ôte ses lois; on profane ses temples ; on en arrache ses Dieux. L'opinion, semblable à un roc inébranlable, reste debout sur des ruines, et brave la puissance du vainqueur. On ne fait plus de prêtres d'Esculape et d'Isis; mais la foi reste dans les cœurs ; et les ministres et les sectaires observent leurs sermens et meurent dans la pratique secrète de leur religion.

Le dernier prêtre, le dernier initié emportent dans la tombe des secrets salutaires qu'ils n'ont pas voulu communiquer à leurs oppresseurs ; le magnétisme disparaît de la surface de la terre. La médecine se hâte d'occuper sa place, et présente des conjectures , quand elle ne trouve pas la vérité.

Ne croyez pas cependant, madame, que le magnétisme ne se soit pas reproduit à certains intervalles. Vous craignez d'ouvrir Montfaucon à une page indiquée; vous ne compulserez pas Aristote , Strabon , Pline le jeune , Jamblique , Pomponace , Bacon , l'histoire de Greatrakes , ce qu'on a écrit sur la double vue de certains habitans des îles Hébrides. Des amis du magnétisme vous ont épargné la peine de faire des recherches. Lisez quelques articles des annales magnétiques et de l'excellent ouvrage de M. Deleuze. Vous y trouverez des citations précises, qui prouvent que les anciens et les modernes ont reconnu des indices positifs de votre agent de la nature, dont se servaient, sans le connaître, des êtres qu'on croyait privilégiés, quand on ne les accusait pas de sorcellerie. Faites-vous lire vingt passages de Rollin, qu'on a long-temps traité, que bien des gens traitent encore de fables. Les convulsions des sibylles, l'histoire de l'homme qui voyait Cyrus faisant cuire, à deux cents lieues de là, une tortue dans un vase d'airain, et tant d'autres faits, que Rollin a la bonté d'attribuer au diable, ne peuvent être que des effets du magnétisme.

Nous arrivons à une époque que l'enthousiasme, l'exagération, des plaisanteries outrées, des dénégations formelles, n'ont pu empêcher d'être célèbre. Mesmer a retrouvé le magnétisme, à peu près perdu depuis si long-temps. Il

4

n'est pas présumable que ses réflexions
seules l'aient porté sur ses traces : on ne
cherche jamais ce dont on n'a pas d'i-
dée. Il est plus vraisemblable que Mesmer, ayant lu les ouvrages que je viens
de citer, en ait comparé plusieurs passages; qu'il se soit essayé, dans le silence, à produire des effets analogues
à ceux que les auteurs n'indiquent que
vaguement. Il a trouvé des idées plus
positives dans Pomponace et Pechlin,
qui a écrit sur la médecine d'attouche-
ment; il a certainement emprunté de
Maxwell quelque chose de sa théorie.
Quelles que soient, au reste, les sources
dans lesquelles il a puisé, il est constant
qu'il a rendu à l'espèce humaine un ser-
vice signalé, et la reconnaissance de la
postérité le vengera des tracasseries et

de l'ingratitude de ses contemporains.

Il est étonnant que Mesmer ait apporté en France une découverte, dont il devait, ce me semble, enrichir d'abord sa patrie. Peut-être n'a-t-il pas trouvé dans ses compatriotes les dispositions d'esprit nécessaires pour s'en faire écouter. Peut-être a-t-il pensé que si le magnétisme n'était pas adopté en France, celui qui l'y produirait n'aurait pas du moins à redouter le sort de Christophe Colomb, bafoué pour avoir annoncé un nouveau monde, et de Galilée, jeté dans les cachots de l'inquisition, pour avoir trouvé le mouvement de la terre.

Quoi qu'il en soit, tout le monde sait que c'est à Paris que Mesmer a fait ses premiers essais publics. Des succès va-

riés , mais constans, ont couronné sa per-
sévérance. Un enthousiasme , qui te-
nait du délire, s'est emparé presque de
toutes les classes ; l'exagération a pro-
clamé des prodiges. Plus les partisans
de Mesmer dépassaient la vérité , plus
une incrédulité fondée se prononçait
contre eux. Les plaisans intervin-
rent entre les deux partis. Dans les salons , les chansons et les épigrammes ;
sur les théâtres, des niaiseries dialo-
guées suffirent pour ramener les Français à un caractère qui les porte à rire
de ce qu'il y a de plus important, de
plus grave, et même de leurs propres
infortunes.

Ces adversaires-là n'ont pas été cependant les plus redoutables que le magnétisme ait eu à combattre. L'homme,

tout à fait ignorant, adopte toutes les
erreurs; à demi savant, il repousse les
vérités qui blessent ses intérêts, sa va-
nité et même ses habitudes, et il est
facile de prouver en peu de mots que
nous ne sommes encore que des demi
savans. Il n'y a pas de systèmes en ma-
thématiques, où tout est démontré, et
nous n'avons que cela dans ce qu'on ap-
pelle les hautes sciences. Un homme,
qui a aperçu quelques effets, en cherche les rapports; bientôt il veut remon-
ter à la cause, qui est impénétrable
pour lui. A défaut de la véritable, il en
suppose une; il en tire des conséquences; il lie avec art toutes les parties de
son système; il cherche à persuader les
autres; il croit de bonne foi lui-même
avoir découvert la vérité.

A peine son livre a-t-il paru, qu'il est attaqué, combattu ; on ne dit pas à l'auteur ce qui est, parce qu'on ne le sait pas ; mais on prouve qu'il s'est trompé sur des points essentiels. Les critiques sont critiqués à leur tour, et tous supportent le trait malin, tant qu'ils n'ont que leur livre pour appui. Mais qu'un homme nouveau paraisse ; qu'il apporte une vérité nouvelle ; que cette vérité renverse jusqu'en leurs fondemens des édifices élevés avec tant de peines, nos demi savans se rallient, s'agitent, cherchent des armes contre l'ennemi commun, et ne sont pas toujours délicats dans le choix. Ainsi Mesmer a trouvé à combattre de grands intérêts d'une part, de fortes préventions de l'autre, et il était seul contre tous.

Peut-être, s'il eût opéré mystérieu-
sement, s'il eût mis dans sa pratique
quelque chose d'imposant et de solennel,
eût-il entraîné le peuple, toujours par-
tisan du merveilleux. Mais on n'eût pas
manqué de lui reprocher l'obscurité et
l'ignorance de ces nouveaux sectaires.
Mesmer, d'ailleurs, ne voyait dans le
magnétisme qu'une faculté naturelle à
l'homme; il l'a annoncée de bonne foi
et avec simplicité; il s'est mis en but
aux traits de tous les partis, et il en a
été écrasé.

Si je tenais une vérité dans ma main,
disait Fontenelle, je me garderais bien
de l'ouvrir. Mesmer, plus courageux,
a ouvert les siennes. Qui des deux
avait raison? C'est par le fait qu'il
faut juger : la vérité de Fontenelle se-

rait perdue pour nous, et le magnétisme nous reste.

Il est à remarquer que la faculté de médecine s'est montrée la plus ardente à persécuter le magnétisme, non sur la partie du public que sa puissance ne peut atteindre, mais sur ceux de ses membres convaincus d'avoir pratiqué, ou du moins d'être partisans du mesmérisme. Elles les a fait comparaître à sa barre; elle a dépouillé de leurs dignités doctorales ceux d'entre eux qui en avaient; elle a enjoint aux autres d'être plus circonspects à l'avenir.

Si le magnétisme n'existe point, ou si ce n'est qu'une folie, pourquoi tant de sévérité ? Ne pourrait-on pas en inférer que la faculté a voulu éteindre le flambeau auquel, dans les siècles les plus reculés, le premier médecin a emprunté ses premières lumières?

Veut-on connaître quelle sera l'opinion de tel homme sur tel objet d'une certaine importance? qu'on consulte son intérêt personnel, et on se trompera rarement. Examinons si la faculté avait un intérêt réel à admettre ou à rejeter le magnétisme.

Il est malheureusement trop vrai que, sous beaucoup de rapports, la médecine n'est qu'une science conjecturale, et qu'il est certaines maladies, qu'elle connaît très-bien, mais dont elle ignore le remède. Les conjectures sont souvent funestes au malade, et je ne répéterai pas les plaisanteries de Molière et de Beaumarchais, que tout le monde sait par cœur. Le somnambule magnétique

n'est jamais incertain. Il voit clairement
son état, et s'il ne se prescrit pas le
meilleur remède, il est sans exemple
qu'il en ait indiqué de nuisibles. Il ne
guérit pas toujours, parce que la nature
veut que nous finissions, et que d'ailleurs sa puissance peut avoir des bornes.
Peut-être aussi le magnétisme n'est-il
encore qu'à son aurore. Les anciens ont
pu connaître des procédés plus forts,
plus salutaires que les nôtres. Peut-être
les retrouvera-t-on un jour ; mais tel
qu'est à présent le magnétisme, il me
paraît pouvoir soutenir honorablement
toute espèce de comparaison avec la
médecine, et je m'exprime, je crois,
assez modestement.

On m'objectera, sans doute, que la
médecine a rejeté d'abord la circulation

du sang, l'émétique, le quinquina, l'i-
noculation, la vaccine; qu'elle s'est em-
pressée de les adopter, dès qu'elle a
reconnu leur efficacité, et qu'elle n'eût
pas rejeté le magnétisme, s'il avait
les vertus que certaines personnes lui
supposent. Cette objection est facile à
détruire : la médecine, en réunissant
des remèdes nouveaux à ceux qu'elle
connaissait déjà, a étendu son domaine,
et cette conduite dérive naturellement
de l'intérêt personnel. Mais le magnétisme ne pouvait devenir partie inté-
grante de la médecine; il prenait nécessairement le premier rang; et quel
homme, après avoir joué, pendant
trente ans, le premier rôle, voudra des-
cendre au second, s'il n'est pas doué
d'une réunion de qualités qu'on ren-

contre rarement dans un même individu? Ces idées me conduisent nécessairement à quelques détails.

La médecine s'empare de l'homme dès sa naissance; elle ne le quitte qu'à sa mort. L'enfant balbutie à peine, qu'il voit ses parens soumis au joug d'un docteur, savant ou non. L'influence de la crédulité fait, de cet enfant, un esclave de plus, sur lequel on exerce un despotisme d'opinion absolue. Le remède le plus repoussant est pris sans résistance. S'il produit un effet contraire à celui qu'attendait le médecin, on persuade facilement que la maladie devait tourner ainsi. Les décès sont toujours imputés à la nature, et les guérisons sont l'effet de l'art. Les remèdes composés, qui fatiguent en affaiblis-

sant les viscères , rendent les convales-
cences longues et pénibles. Le moyen
curatif lui - même a souvent produit
le germe d'une maladie nouvelle , parce
que le docteur interprète , arrange ce
qu'il n'entend pas , ce qu'il ne voit pas.
Plus le malade s'affaiblit , plus il est do-
cile et confiant.

Il est des médecins qui joignent, au
talent de bien observer, une honnêteté,
une délicatesse et même un désintéresse-
ment digne des plus grands éloges. Mais
plus ils obtiennent de succès, plus ils
doivent tenir à la considération , qui en
est toujours la suite; et vous croiriez,
madame, que l'esprit de domination
puisse jamais s'éteindre dans l'homme !
Quoi ! celui dont les ordonnances sont
des lois, qu'on ne se permet pas même

d'examiner, irait consulter un somnambule sur telle maladie qui échappe à ses recherches ; il solliciterait la connaissance d'un remède propre au mal ; il dérogerait à la dignité de médecin, en devenant l'exécuteur de ce qu'aurait prescrit l'interprète de la nature, plus clairvoyant que lui ; il descendrait aux fonctions modestes d'agent secondaire ; il renoncerait à ses connaissances en chimie, parce qu'un somnambule n'ordonne que des remèdes simples ; il avouerait par cette conduite qu'il a professé une science incertaine et quelquefois mensongère ! Connaissez-vous quelqu'un, madame, qui soit capable d'un tel héroïsme ?

Peut-être les médecins feraient abnégation d'eux-mêmes, si la médecine

n'était pratiquée que par des gens opu-
lens. Mais le corps des médecins se com-
pose, en général, de jeunes gens issus
de familles honnêtes, mais peu fortu-
nées. Leurs parens ont fait, pendant
dix ans, des sacrifices pour leur faire
apprendre ce qu'ont écrit leurs devanciers. L'homme de génie recule les limi-
tes de la science. Mais excellent ou mé-
diocre médecin, l'élève a semé, il veut
recueillir ; il doit le vouloir, surtout s'il
a une famille à élever, quelque parent
pauvre à soutenir : et on s'étonne que
nos docteurs éloignent le magnétisme de
tous leurs moyens, de toutes leurs forces ! Descendons dans notre cœur, et
soyons vrais. Si nous étions médecins,
nous conduirions-nous autrement ?

Déjà le magnétisme est en honneur en

Prusse. Le roi vient de donner à un médecin de Berlin cent lits dans un hôpital
pour y exercer la médecine de la nature,
et l'académie des sciences de cette ville
va décerner un prix de trois cents ducats
à l'auteur qui aura fait le meilleur mémoire sur le magnétisme. Le roi de
Suède, les empereurs de Russie et d'Au-
triche ont envoyé à Berlin des médecins qui doivent s'instruire dans la pratique de M. Wolfart. Les plaisans sont
moins communs en Prusse qu'en France,
et les chanteurs de Berlin ont probablement cessé de chanter. Nos railleurs
français n'examineront pas ce qu'il est
plus facile de tourner en ridicule que
d'approfondir. Mesmer a vainement essayé de propager le magnétisme chez
nous : il nous reviendra du nord de

l'Europe, paré du prestige que nous attachons à tout ce qui est étranger. Alors, il ne sera plus permis, dans un certain monde, de douter de ses propriétés; il sera du bon ton de lui attribuer des miracles.

Savez-vous, monsieur, s'est écriée madame d'Arancy, que vous poussez les choses un peu loin ! S'il y a des plaisans en France, il y a aussi des hommes désintéressés et bons observateurs. Pourquoi donc votre magnétisme y reste toujours dans l'obscurité ? pourquoi, dès qu'il ose se montrer, suffit-il d'un mot piquant, d'une saillie pour le replonger dans l'ombre?

J'aime à croire, répondis-je, madame, que les magnétiseurs se composent, en partie, des hommes éclairés

5

dont vous venez de me parler. Je vous ai
exposé les causes principales qui s'op-
posent à la propagation du magnétisme.
Je peux vous en indiquer d'autres, qui,
moins importantes, méritent cependant
d'être examinées.

Les expériences de Salon nuisent au
magnétisme, en lui donnant une apparence de frivolité, qui éloigne la confiance et la considération. On cause, on
rit, on plaisante, on conteste ensuite
la réalité des effets; on soupçonne du
*compérage*; on le dit avec une sorte de
réserve; mais on finit par n'avoir rien vu,
après avoir été présent à des phénomènes, dignes d'être remarqués. On porte
son jugement, sans vouloir examiner davantage, et ce jugement est sans appel.

J'ai cédé, comme bien d'autres, au

désir de convaincre , et j'ai partagé leur
sort. Je m'applaudis cependant de ce
que j'ai fait hier , puisque j'ai gagné au
magnétisme une dame , dont l'opinion
serait d'un grand poids , si elle osait se
prononcer.

N'y comptez pas , monsieur , ni comptez pas , a-t-elle repris vivement. Je
vous ai confié mon secret , et je tiens
irrévocablement au parti que j'ai pris.
Voyons la suite des causes secondaires ,
qui empêchent le magnétisme de se ré-
pandre.

J'ai repris. Un magnétiseur , d'une
faible constitution , se laisse aller à un
sentiment de bienveillance et d'humanité. Il n'a pas consulté ses forces , et ,
après quinze jours, un mois de soins
assidus, il reconnaît l'insuffisance de

ses moyens ; il éprouve une sorte d'é-
puisement qui le décourage. Souvent un
malade, impatient, se lasse de ne pas
arriver à ces effets prodigieux , dont il
a lu des relations. Le traitement est in-
terrompu, et les parens, et les amis,
et les incrédules et les malins disent,
répètent partout que le magnétisme ne
guérit pas.

Les gens du bon ton, qui ne font pas
de systèmes, parce que le bon ton n'est
pas la demi-science, mais qui écoutent
avec assez de docilité ceux qui ont des
connaissances, qu'on n'acquiert pas
dans les boudoirs, ces gens-là ne peuvent admettre un moyen auquel le
pauvre accorde assez de confiance, et ils
ont raison, car il est constant que le
riche et le pauvre ne sont pas pétris du

même limon. Ils nous reprochent, sans cesse, de n'exercer notre influence que sur des êtres accablés de misère, et par conséquent incapables de penser. Je vous assure, madame la comtesse, que si on dit de très-jolies choses dans les salons, on n'y pense pas plus que sous le chaume. Mais laissons de côté les distinctions, et voyons pourquoi le plus grand nombre de ceux qui se confient à un magnétiseur sont véritablement des malheureux.

Un médecin traite un homme opulent; la maladie traîne en longueur; le malade s'affaiblit, au lieu de guérir; ses forces s'épuisent, et le docteur double ses soins. Il ne quitte plus le chevet du malade; il le console; il relève son courage; il

ranime ses espérances. Le malade meurt ;
mais qui ne meurt pas ? Son médecin mé-
rite des éloges : il a fait ce qu'il a pu ; s'il
n'a pu bien faire.... il a fait glisser le dé-
funt de la vie à la tombe, sans qu'il s'en
soit aperçu.

Le même médecin voit un misérable
dans un hôpital ou sur son grabat. Il fait,
en honnête homme, tout ce qui dépend
de lui pour le soulager ; mais un médecin,
honnête homme, n'a pas contracté l'en-
gagement d'être toujours heureux. Celui-
ci s'aperçoit que la médecine fait peu de
progrès, et que la maladie en fait beaucoup. Il abandonne le malade à la nature,
et, dans cette seconde circonstance, le
médecin a encore raison, car s'il eût
traité le pauvre diable pendant un mois

ou deux de plus, il l'eût envoyé dire à l'homme opulent :

Ici tous sont égaux, je ne te dois plus rien ;
Je suis sur mon fumier, comme toi sur le tien.

Cependant, ce pauvre diable ne peut acheter ni consolations, ni espérances. Accablé de maux et de misère, il se désole, il va tomber dans le désespoir. Il entend parler du magnétisme ; il cherche, il trouve un magnétiseur. Mais la nature épuisée n'offre plus de ressources ; le pauvre diable se condamne lui-même dans le sommeil somnambulique; il s'éteint, et on publie partout que le magnétisme l'a tué.

Le pauvre diable guérit-il? on crie de toutes parts qu'il n'était pas malade. C'est ce qui est arrivé à M. Court de Gébelin.

Il n'y a plus de médecins qui nient l'existence du magnétisme ; cela serait maladroit. Mais ils en contestent les effets ; ils en parlent avec une indifférence, qui éloignerait la confiance, si elle commençait à naître, et vous conviendrez, madame, que ces petites choses-là ne tendent pas à propager le magnétisme.

Les magnétiseurs vivent isolés. Ils opèrent dans le silence, et souvent dans le secret, pour échapper aux railleurs. Ils se connaissent peu, et ne se communiquent que des observations d'un intérêt majeur. Ils ne peuvent étendre ainsi une théorie, dont le perfectionnement amènerait des succès plus frappans, plus certains, qui convaincraient les incrédules.

Les prêtres d'Isis, au contraire, for-
maient une corporation nombreuse ; ils
vivaient dans un même lieu ; et ils avaient
beaucoup de loisirs, parce qu'ils étaient
dans l'opulence. Probablement, ils ne
dédaignaient pas de se communiquer
des observations de détail, qui, dans
plus d'un genre, ont conduit à des ré-
sultats importans. De ces communica-
tions continuelles, a dû naître une suite
de découvertes nouvelles, et ces prêtres,
déjà forts de l'opinion publique, étaient
certains de lui voir adopter et consacrer
ce qu'ils ajoutaient à leurs connaissances
acquises.

D'après ce rapprochement, je suis
porté à croire que le magnétisme ne fera
pas de grands progrès en France, tant
que le gouvernement ne s'en occupera

pas. Il est beau d'imiter les étrangers dans ce qu'ils font de bien. On pourrait même aller plus loin qu'eux : des collèges de magnétiseurs (1), dotés par l'État, tireraient de leur établissement même une grande force d'influence. On croirait à la médecine de la nature, qu'on verrait encouragée à ce point. Il n'y aurait plus, je l'avoue, que peu de médecins, et moins encore d'apothicaires. Mais serait-ce un grand mal pour la société? Je ne le crois pas, et peut-être serait-il aisé de prouver le contraire.

« Je vois, monsieur, me dit la comtesse, que vous êtes à la fin de votre dissertation, et j'en suis fort aise. Hier, vous m'avez donné un léger mal

(1) Cette idée appartient à M. Deleuze.

» de tête, que nous sommes convenues
» d'appeler migraine, comme vous ap-
» pelez charmante une femme assez or-
» dinaire, comme on proclame divins
» des vers heureux, qui ne sont qu'un
» jeu de l'esprit. Aujourd'hui, j'ai la
» migraine la mieux conditionnée.... A
» quoi suis-je réduite! à ne pouvoir parler
» raison, pendant une demi-heure, sans
» être indisposée, et cela, parce que j'ai
» voulu donner à jouer et faire danser
» des gens qui se soucient fort peu de
» moi, et dont je ne me soucie pas
» davantage. Les veilles m'ont ôté ma
» fraîcheur et m'affaiblissent l'estomac.
» La sotte chose que de tout faire pour
» le public, et de n'oser avouer une
» pensée à soi, quand elle choque un
» préjugé ! »

Je demande à tous les magnétiseurs possibles, quel parti ils auraient pris auprès d'une femme intéressante, repentante, malade, et croyante surtout. Ils se seraient empressés de la soulager; et c'est ce que j'ai fait. Si la voix de l'humanité se fait entendre, quand nous voyons un être souffrant, combien cette voix est plus forte, lorsque cet être est une jeune femme, dupe, jusqu'à ce moment, de ses préventions, et qu'on a l'espoir de rendre, sans retour, a des sentimens raisonnables !

J'attaque donc cette migraine, *si bien conditionnée*, et madame d'Arancy se prête à mes soins, avec une facilité, un abandon, qui me charment. Ces grands yeux bleus, qui se sont fermés hier, se ferment aujourd'hui plus promptement encore. Elle dort de ce sommeil doux et réparateur, qui, seul, est déjà un remède puissant. Je l'interroge ; elle me répond..... Madame d'Arancy est somnambule.

Déjà la migraine est dissipée ; mais l'estomac est souffrant. Il faut lui rendre des forces, et rappeler, sur ces joues décolorées, les roses du printemps. « Madame, quel est votre médecin ? » — Oh ! monsieur, c'est un homme » charmant, qui n'a rien de la pesan- » teur de son état ; qui ne m'aborde ja- » mais que le sourire sur les lèvres, et » une historiette à la bouche.—C'est fort » bien, madame ; mais son talent ?—Il » ne hasarde jamais rien, et ne pres- » crit que des choses très - simples. » — Vous m'inspirez de l'estime pour

» lui, madame ; mais jugez-le avec con-
» naissance de cause ; examinez votre
» estomac, et voyez si ce qu'il vous
» ordonne est bien ce qu'il vous con-
» vient. — Oh, le malheureux ! avec ses
» petits contes et son eau de poulet, il
» m'aurait tuée en moins de deux ans.
» — Expliquez-vous plus clairement,
» je vous en prie. — A la fin du car-
» naval, j'ai éprouvé des tiraillemens
» à l'estomac. Le docteur a prétendu
» qu'il y a irritation ; je vois à présent
» que c'est fatigue et faiblesse, et son
» eau de poulet augmente le mal tous les
» jours. — Hé bien, madame ! que vous
» faut-il ? — Un verre de vin d'Espagne
» le matin et le soir. — Le remède est
» facile. — Et agréable à prendre. — Et
» les veilles, madame ? — Elles me sont

» absolument contraires. — Votre mé-
» decin vous les a sans doute interdites?
» — Oui, mais je l'ai forcé de transiger
» avec moi. Nous sommes convenus que
» je pourrais me coucher à une heure
» du matin, pourvu que je prisse une
» tasse d'eau de poulet en me mettant
» au lit. — Madame, il faut congédier
» ce médecin-là. — Hé ! comment le
» congédierai - je? c'est l'homme à la
» mode. — Hé bien! gardez-le ; mais
» ne faites rien de ce qu'il vous pres-
» crira. — A la bonne heure. — Si,
» pourtant, vous en vouliez un autre?
» J'en connais qui ne vous feront pas
» de contes, et qui savent beaucoup.
» — Du vin d'Espagne, monsieur , et
» pas d'autre docteur ; vous savez, mieux
» que moi, que je n'en ai pas besoin.

» — Permettez-moi de vous faire ob-
» server, madame, que vous passez de
» l'incrédulité à l'exagération. Je vous
» assure qu'il y a de très-bons méde-
» cins qui, cependant, sont loin d'être
» infaillibles. — Oh, oui! il y a de bons
» médecins..... Mais ce sont les magné-
» tiseurs. — Remarquez encore, ma-
» dame, que les médecins connaissent
» parfaitement l'intérieur du corps hu-
» main, et que s'ils voulaient faire con-
» corder leur science avec les lumières
» certaines des somnambles.... —Oui,
» oui, ils connaissent toutes les parties
» intérieures du corps humain ; mais
» ils n'ont jamais pu, ils ne pourront
» jamais les voir que mortes. Moi, je
» les vois vivantes, et dans toute leur
» action. Cela se ressemble, comme la

» figure d'un homme qui vient d'ex-
» pirer, et celle qu'il avait dans un état
» de santé parfaite (1). »

Je jouissais d'une satisfaction inexprimable; mais je sentais qu'elle allait
s'évanouir avec le sommeil de madame
d'Arancy, qui ne devait laisser aucune
trace dans sa mémoire. Je jugeais qu'elle
m'opposerait de nouveau ses petits pré-
jugés de coteries, et je me suis décidé à
la mettre dans l'impossibilité de rétro-
grader.

Je lui ai franchement exprimé mes
craintes. « Vous avez raison, m'a-t-elle
» répondu. Eveillée, je ne serai plus
» qu'un grand enfant. Mais que faut-il

---

(1) Ces deux dernières réponses m'ont été faites
littéralement, et en présence de plusieurs personnes,
par une somnambule que j'ai eue à Saint-Quentin.

» faire ? — Ecrire ce que nous venons
» de dire , si nous n'en avons pas oublié
» la plus grande partie. — Oh ! je m'en
» souviens à merveille. Voulez - vous
» que je me mette à mon secrétaire?
» — Allez. »

Elle se lève ; je la suis ; elle traverse
son appartement d'un pas ferme et assez
égal. Elle écrivait , quand M. d'Arancy
est entré. Je l'ai mis au fait en peu de
mots, et il m'a embrassé avec beaucoup
d'affection. « Henriette , m'a-t-il dit, a
» tout ce qu'il faut pour être aussi esti-
» mable qu'elle est séduisante , et je
» vous dois déjà beaucoup. »

J'attendais qu'il s'expliquât plus clairement, quand il a pris le papier de
madame d'Arancy. Il m'a prié ensuite
de l'éveiller.

Il est impossible d'exprimer la confusion qu'a éprouvé la jeune femme, quand son mari lui a lu ce qu'elle venait d'écrire. Elle protestait qu'elle se trouverait mal, si on ne lui rendait ces rêveries. « Non, ma chère amie, non. Ici
» tu parles sous ton masque, et tout à
» l'heure tu étais toi; c'est toi que j'aime
» et que je veux conserver. Tu t'es ren-
» due malade pour le monde ; tu recou-
» vreras la santé pour ton mari et ton
» enfant. — Et que faut-il faire pour
» cela, monsieur? — Boire du vin d'Es-
» pagne, non à Paris, où tu ne pourrais
» renoncer à tes habitudes, mais à notre
» terre, où tu fixeras les plaisirs qui
» conviennent à une femme de ton âge,
» et qui sont sans dangers. — Il n'y a
» là que des campagnards. — Tant

» mieux. Pas de faste, pas de représen-
» tations, pas d'excès en aucun genre, et
» surtout pas de veilles. Nous rempla-
» cerons toutes ces fadaises par la sim-
» plicité, qui sied à tout le monde, et
» surtout par une vie réglée. Je renonce
» volontiers aux prétendues délices de
» Capoue : seras-tu moins généreuse
» envers toi ? — Mais que dira-t-on de
» moi ici ? — Ce qu'on voudra. — Les
» plaisans ne finiront jamais. — Les
» plaisans ne sont dangereux que pour
» ceux qui ont la sottise de les craindre.
» Et puis, ma chère, il n'y a à Paris
» que des liaisons, et huit jours après
» ton départ, personne ne s'occupera
» plus de toi.—Ah, mon ami! qu'exiges-
» tu ? — Ce papier parle ; veux-tu que
» je le fasse circuler ? —Ah, mon Dieu!

» tu me fais trembler. — Fais venir tes
» femmes ; qu'elles préparent tout, et
» que dans une heure nous soyons en
» route. — Oh ! oui, oui, oui ; si tu me
» donnais le temps de réfléchir, je ne
» partirais plus. — Monsieur est, après
» moi, ton meilleur ami. Il voudra bien
» nous accompagner ; et là, nous ma-
» gnétiserons tous ensemble. — Nous
» magnétiserons ! Quoi ! serais-tu..... ?
» — Hé, oui, ma chère amie ! Je ma-
» gnétise depuis six ans. — Et jamais
» tu ne m'en as rien dit. — A quoi bon
» parler à des sourds. »

On fait les malles, les paquets en
riant, en chantant, en folâtrant ; on
monte en voiture, et bientôt le grand
air donne de l'appétit. On se souvient
qu'on n'a pas pensé à prendre des pro-

visions, et on se décide à dîner au premier cabaret. « Madame d'Arancy dîner
» dans un cabaret de village! Oh! si
» nos amis étaient là, ils diraient......
» —Ce qu'ils voudraient, ma chère amie.
» Moi, je leur répondrais qu'il vaut
» mieux dîner au cabaret, que de ne
» pas dîner du tout. »

Tout était fait de travers, tout était
mal servi, le vin était détestable, et
tout cela paraissait très-plaisant. Un
dîner, qu'assaisonne la gaieté, n'est jamais mauvais, et il se digère facilement.
Madame d'Arancy a fort bien supporté
celui ci.

Nous arrivons au château, où on ne
nous attendait pas, et où tout était sans
dessus dessous. Nouveau sujet de rire,
et du désordre qui régnait partout, et

de l'embarras du concierge, et de ses grandes phrases, et de son impertubable attention à renvoyer ses enfans, qui rentrent aussitôt par une autre porte, etc., etc.

Il y a huit jours que nous sommes ici, et déjà le vin d'Espagne fait des merveilles. Déjà le magnétisme est en honneur dans le canton, et madame d'Arancy convient, de très-bonne foi, que cette occupation-là vaut bien une walse, ou une partie de bouillotte.

FIN.

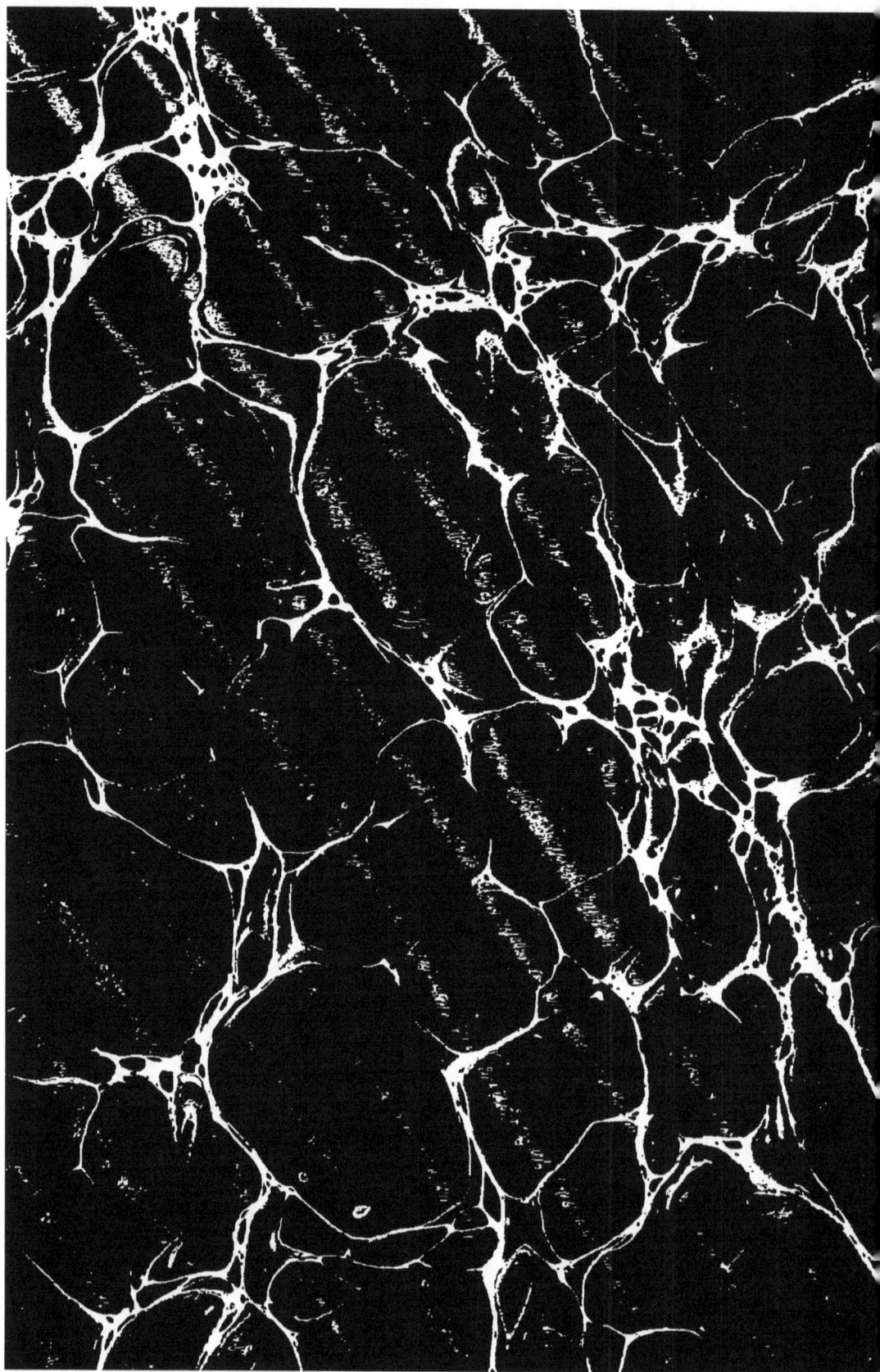

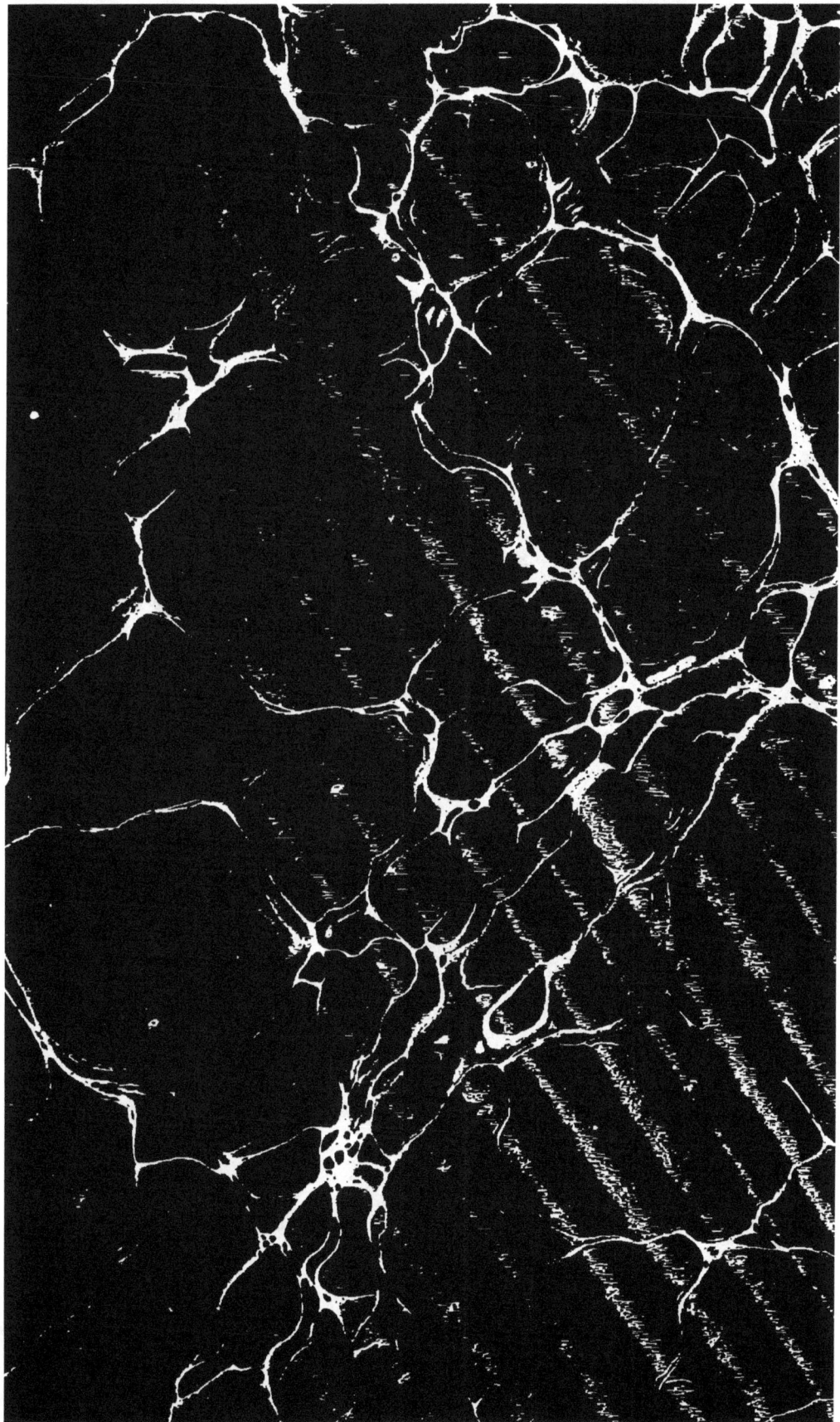

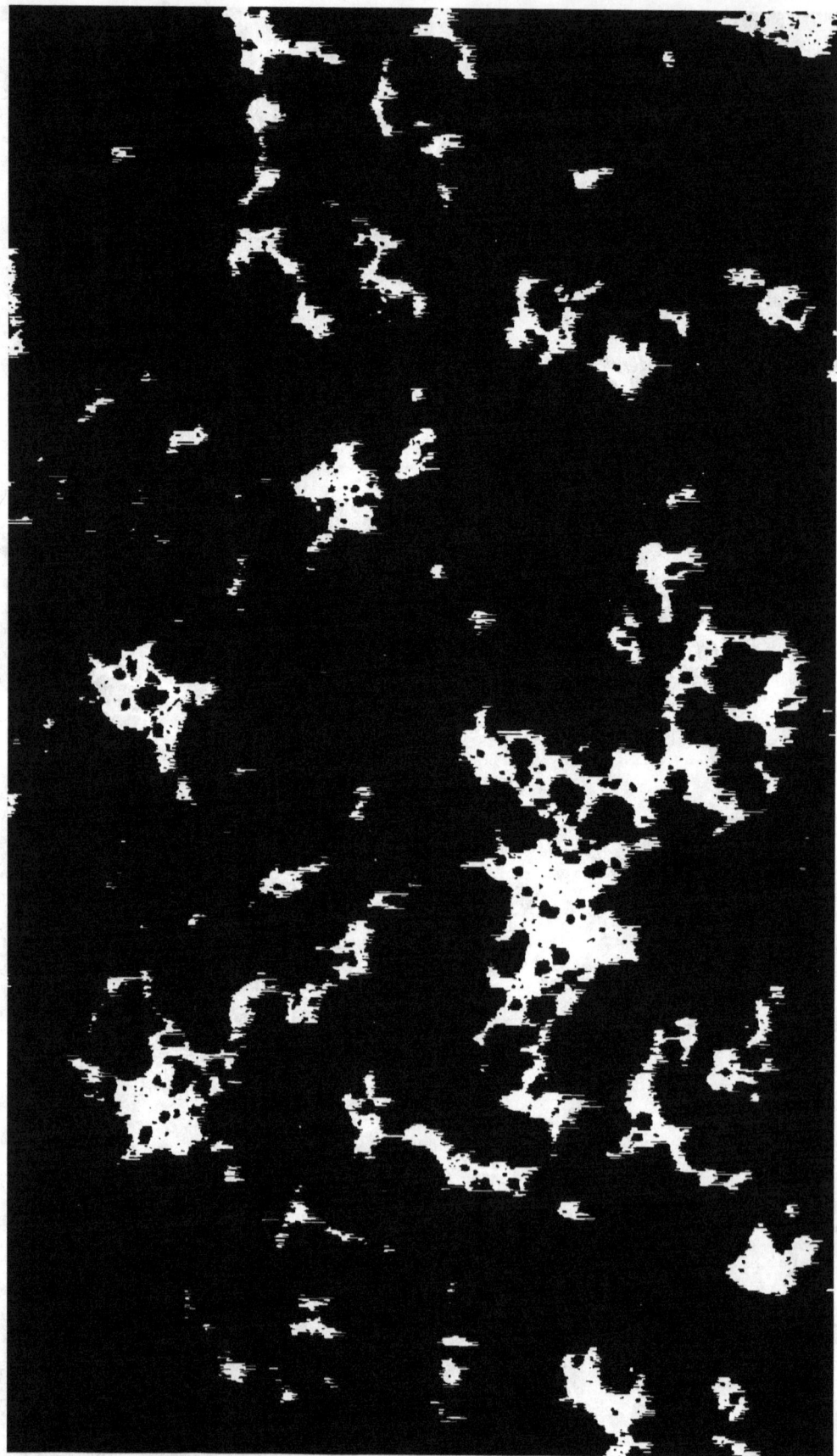